Dieses Buch ist für:

_____

Weißt du noch?

Wie wir uns kennen gelernt haben?

_____

_____

_____

_____

_____

_____

_____

_____

_____

_____

Meine schönste Erinnerung

An diese Situation erinnere ich
mich gern zurück:

Mein(e) Held(in)

Diese Situation musstest du für mich
meistern, weil ich mich nicht getraut habe:

Das beste, das mir je passiert ist!

Deshalb bist du der beste Partner (die beste Partnerin):

_____

_____

_____

_____

_____

_____

_____

_____

_____

_____

Das sind wir

Das bist du

SÄTZE, DIE MICH AN DICH
ERINNERN

Diese Sprüche erinnern mich an dich:

Dieser Geruch erinnert mich an dich:

Weißt du noch?

Danke, dass du dies immer mit mir machst:

_____

_____

_____

_____

_____

_____

Wir hatten immer Spaß bei:

_____

_____

_____

_____

_____

_____

Meine liebste Erinnerung

Ich liebe diese Erinnerung und Geschichte:

_____

_____

_____

_____

_____

_____

_____

_____

_____

_____

_____

Du

Du bist ein guter Mensch, weil:

_____

_____

_____

_____

_____

Diese Eigenschaften liebe ich:

_____

_____

_____

_____

_____

_____

 Du

Diese Eigenschaften machen mich
wahnsinnig:

_____

_____

_____

_____

_____

Diese Geschichte erzählst du immer wieder:

_____

_____

_____

_____

_____

Das wünsche ich mir

Diese Eigenschaften möchte ich von dir lernen:

_____

_____

_____

_____

_____

_____

Wenn ich etwas dummes mache, dann machst du:

_____

_____

_____

_____

_____

Unser lustigstes Foto

Meine größten Dummheiten

UND WIE DU REAGIERT HAST

Das waren meine größten Dummheiten:

_____

_____

_____

_____

_____

_____

_____

_____

_____

_____

Meine größten Dummheiten

UND WIE DU REAGIERT HAST

So hast du darauf reagiert:

Das kannst nur du!

Das kannst nur du:

_____

_____

_____

_____

_____

Das sollte jeder von dir lernen:

_____

_____

_____

_____

_____

Deine Kochkünste

WAS KANNST DU KOCHEN
UND WAS EHER NICHT

Dieses Gericht kochst du und es ist so lecker:

Das schmeckt mir leider nicht so gut:

Witze
DEIN HUMOR

Deinen Humor könnte man so beschreiben:

_____

_____

_____

_____

_____

Deine besten Witze:

_____

_____

_____

_____

_____

Witze
DEIN HUMOR

Das war das lustigste Erlebnis:

Damit kannst du mich immer zum Lachen bringen:

Das bist du

Dein Aussehen

WORAN DU MICH
ERINNERST

Dein Aussehen erinnert mich an:

Das liebe ich daran:

Meine Gedanken

Wenn du ein(e) Superheld(in) wärst, dann wärst du:

_____

Dein Haarschnitt erinnert mich an:

_____

Deine Antwort, wenn ich dir sage ich lasse mir ein Tattoo stechen:

_____

Für mich bist du so klug wie:

_____

Dein Kleidungsstil erinnert mich an:

_____

Dein liebstes Kleidungsstück:

_____

Meine Gedanken

Dein Lieblingsfilm:

_____

Was machst du im Feierabend:

_____

Dein Hobby:

_____

Dein Parfüm:

_____

Dein Lieblingsessen:

_____

Dein Lieblingsgetränk:

_____

Deine Beruhigungskünste

UND WIE DU MICH
GERETTET HAST

Diese Situation hat mich aus der Bahn
gebracht:

_____

_____

_____

_____

_____

und so konntest du mich beruhigen:

_____

_____

_____

_____

_____

Ich liebe dieses Bild

Meine Bewunderung

Ich bewundere dich für diese Eigenschaften:

In dieser Situation habe ich dich sehr
bewundert:

Was ich von dir alles gelernt habe

Dies hast du mir beigebracht, weißt du noch?

_____

_____

_____

_____

_____

Dies würde ich gern noch von dir lernen:

_____

_____

_____

_____

_____

Unser gemeinsamer Urlaub

WEISST DU NOCH?

Das war für mich der schönste gemeinsame Urlaub:

_____

_____

_____

_____

_____

Das haben wir hier gemacht:

_____

_____

_____

_____

_____

Was habe ich von dir?

Diese Eigenschaften habe ich mir von dir abgeguckt:

Danke

FÜR DEINE
UNTERSTÜTZUNG!

In dieser Situation hast du mir Mut gemacht:

_____

_____

_____

_____

_____

Dies hätte ich ohne dich nicht geschafft:

_____

_____

_____

_____

_____

Gewohnheiten?

WAS DU TÄGLICH MACHST

Wenn du morgens aufstehst:

Dein Abend sieht häufig so aus:

Ein Bild aus dem Alltag

DAS SIND DOCH DIE BESTEN BILDER

Deine Zuneigung

WAS DU TÄGLICH MACHST

Daran habe ich immer gemerkt, dass du mich liebst:

Daran sehe ich im Moment wie viel ich dir bedeute:

Dein Verständnis

Dieses Dinge hast du nicht befürwortet, aber akzeptiert:

_____

_____

_____

_____

_____

Diese Dinge hast du nicht befürwortet und auch nicht akzeptiert:

_____

_____

_____

_____

_____

Das perfekte Geschenk

Das ist das perfekte GEschenk für dich:

_____

_____

_____

_____

_____

_____

_____

_____

_____

_____

_____

Unsere gemeinsame Zeit

Früher haben wir dies immer zusammen
gemacht:

_____

_____

_____

_____

_____

Heute unternehmen wir dies immer zusammen:

_____

_____

_____

_____

_____

Ein Bild von uns:

Meine Wünsche

Das würde ich dir kaufen:

_____

_____

_____

_____

_____

Das würde ich versuchen zu ermöglichen:

_____

_____

_____

_____

_____

Deine Träume:

SOFERN ICH SIE KENNE

Das sind deine Träume:

Das gefällt mir so daran:

Inspiration

Das ist deine Inspiration:

_____

_____

_____

_____

_____

Damit hast du mich inspiriert:

_____

_____

_____

_____

_____

Mein Vorbild

DAMIT HAST DU MICH
GEPRÄGT

Daran arbeitest du so hart:

Für uns hast du alles getan, aber dies ist mir im
Gedächtnis geblieben:

Wenn du

Ein Tier wärst, dann:

_____

_____

_____

_____

_____

_____

Ein(e) Schauspieler(in) wärst, dann:

_____

_____

_____

_____

_____

_____

Wenn du

eine Regisseurin wärst, dann:

in deiner Traumstadt leben würdest, würdest du:

Ein Bild aus der Kindheit

Wenn ich

Einen Tag noch einmal erleben könnte, dann:

Wenn ich einen Urlaub noch einmal mit dir
erleben könnte, dann:

Spitznamen
MEINE UND DEINE

Wie du mich immer nennst:

_____

_____

_____

_____

_____

_____

Wie ich dich nenne:

_____

_____

_____

_____

_____

_____

Wenn ich

mit dir telefoniere, denken Außenstehende:

dich ärgern möchte, dann:

Geduld oder Wutausbruch?

Wenn ich etwas blödes tue, reagierst du?

_____
_____
_____
_____
_____
_____

Damit habe ich einen Wutausbruch verursacht:

_____
_____
_____
_____
_____
_____

Danke

DASS DU DURCHGEHALTEN HAST!

Ich weiß, dass diese Zeit sehr schwer für dich war:

Dafür bin ich sehr dankbar:

Wenn du

nicht mein(e) Partner(in) wärst, dann:

_____

_____

_____

_____

_____

_____

In dieser Situation anders reagiert hättest, dann:

_____

_____

_____

_____

_____

_____

Weißt du noch?

Was du mir beigebracht hast

Danke, dass du mir dies beigebracht hast:

_____

_____

_____

_____

_____

Von dir habe ich gelernt, dies zu kochen:

_____

_____

_____

_____

_____

Dein Musikgeschmack

Das hörst du immer:

Von dir habe ich diese Künstler kennen gelernt:

Danke

 # Danke

Ich möchte dir für diese Dinge danken:

_____

_____

_____

_____

_____

_____

_____

_____

Ich liebe dich!

Ich liebe dich

Meine Worte an dich:

www.ingramcontent.com/pod-product-compliance
Lightning Source LLC
Chambersburg PA
CBHW070830220526
45466CB00002B/788